BEI GRIN MACHT SICH IHR WISSEN BEZAHLT

- Wir veröffentlichen Ihre Hausarbeit, Bachelor- und Masterarbeit

- Ihr eigenes eBook und Buch - weltweit in allen wichtigen Shops

- Verdienen Sie an jedem Verkauf

Jetzt bei www.GRIN.com hochladen und kostenlos publizieren

Stephan Baier

Zur Entwicklung der Astronomie hinsichtlich des Wandels von Weltbild und Selbstverständnis des Menschen

Ein Überblick der historischen Entwicklungen in der Astronomie

GRIN Verlag

Bibliografische Information der Deutschen Nationalbibliothek:

Die Deutsche Bibliothek verzeichnet diese Publikation in der Deutschen National-
bibliografie; detaillierte bibliografische Daten sind im Internet über http://dnb.d-
nb.de/ abrufbar.

Impressum:

Copyright © 2009 GRIN Verlag, Open Publishing GmbH
Druck und Bindung: Books on Demand GmbH, Norderstedt Germany
ISBN: 978-3-640-90058-9

MARTIN-LUTHER-UNIVERSITÄT HALLE-WITTENBERG

Naturwissenschaftliche Fakultät II - Institut für Physik

Sommersemester 2009

STUDIENARBEIT

Zur Entwicklung der Astronomie hinsichtlich des Wandels von Weltbild und Selbstverständnis des Menschen

Vorgelegt von:

Stephan Baier

Inhaltsverzeichnis

1. VORWORT

Sie ist die älteste Wissenschaft, die Wiege der Forschung nach dem Selbstverständnis des Menschen und doch gerät sie gelegentlich in Vergessenheit und ist dem Schwund des Interesses der Gesellschaft unterlegen, obwohl ihre Brisanz innerhalb eines Zeitraumes von 8000 Jahren niemals reduziert war. Diese Seminararbeit soll sich mit der Entwicklung der Astronomie, dem Wandel des Selbstbildes des Menschen und seines Heimatplaneten, der Erde befassen. Dazu werden die unterschiedlichen kulturellen Einflüsse betrachtet und die Korrelationen von Überlegenheiten durch Willenslenkungen und Autoritäten gezeigt. Mit dem Beginn des Mittelalters wird die Abkehr von der griechischen Weltphilosophie vorgestellt und im Rahmen der Weiterentwicklung bis hin zu den Gesetzen der Himmelsmechanik beleuchtet. Zum Schluss möchte ich nicht versäumen auch den Aspekt der Zukunftsvorstellungen von Astronomie und Weiterentwicklung aufzuzeigen.

2. NOTWENDIGKEIT ASTRONOMISCHER STUDIEN

Der Glaube an Götter und verehrungswürdige Wesen bewegte die Menschen zu allen Zeiten den Himmel anzubeten. Weniger verwunderlich ist daher das ungebrochene Streben die fernen Welten zu erkunden und zu besuchen. Bereits in der Frühzeit erkannten die Menschen, dass das Himmelsgewölbe über ihnen mehr als nur ein Dach sei. Mit Hilfe der Sterne wurden bereits vor mehr als 4000 Jahren[1] genaue Kalendarien angefertigt, um Ernte- und Säzeiten gleichwohl wie religiöse Kulten und Riten einzuhalten.

3. ASTRONOMIE IM FRÜHEN ALTERTUM

Die Kulturvölker des Frühen Altertums ließen zu ihrer Zeit die Astronomie regelrecht aufblühen.[2] Noch bevor trigonometrische Berechnungen aufgestellt wurden, beobachte man den Himmel, fand Sternbilder und begann sich die Himmelserscheinungen anhand menschlicher Vorstellungen zu erklären. Die frühen Weltbilder in den Kulturen divergieren dabei ebenso, wie Vielfalt von Götterverehrung und Glaube.

---

[1] Vgl. Ridpath, Handbuch des Astronomie, S. 8
[2] Bernhard, Wissensspeicher Astronomie, S. 166

3.1. BABYLONIEN UND DIE GRUNDLAGEN ASTRONOMISCHEN FORSCHENS

Um 600 v. Chr. erreichten die Babylonier den Zenit astronomischen Forschens[3]. Sie beobachteten u.a. Sonnen- und Mondlauf, Mondphasen, sowie Finsternisse und erkannten bereits die Bewegung der Planeten. Diese Fachdaten wurden katalogisiert und mit astronomischen Daten wie Auf- und Untergang, sowie Kulmination versehen. Dieses Fachgebunde Wissen ermöglichte bereits vor 2600 Jahren die Vorausberechnung von Planetenpositionen und Finsternissen. Zur besseren Orientierung teilten sie den Himmel in Sternbilder ein, die wir auch heute noch nutzen, wie z.B. den Orion oder auch den großen Bären.[4] Für ihr Weltbild bezogen sie sich auf eine Vorstellung zu einer Ober- und Unterwelt, die jeweils vom ersten, zweiten und dritten Himmel überspannt sind. Im Glaube eines Zusammenhangs zwischen Mensch und Kosmos entwickelten die Babylonier um etwa 1400. v. Chr. die Astrologie an deren Höhepunkt etwa 600 v. Chr. die Entwicklung der Tierkreiszeichen Astrologie steht.

3.2. STUDIEN DER ASTRONOMIE IN ÄGYPTEN

Die Aufgaben der hohen ägyptischen Priester waren äußerst vielseitig. Zu ihren Pflichten gehörte u.a. auch eine genaue Zeitrechnung[5] um religiöse Feste gleichwohl wie Ernte- und Säzeiten einhalten zu können. Sie entwickelten einen Kalender, der sich am Sonnenjahr orientierte und teilten ihn in 12 Monate zu je 30 Tagen und 5 Zusatztagen ein[6]. Da für sie der Siriusstern große Bedeutung hatte und somit auch große Verehrung erlangte, da sein heliaktischer[7] Aufgang mit den Nilüberschwemmungen – einem der wichtigsten Ereignisse – zusammenfiel, schenkten die Ägypter ihm besonders große Aufmerksamkeit. Über genaue Beobachtungen des Sirius erkannten sie, dass ein Jahr in Wirklichkeit 365,25 Tage hat.

3.3. ASTRONOMIE IM FERNEN OSTEN

Bereits vor 5000 Jahren widmeten sich die Chinesen astronomischen Forschungen und beobachten auffällige Himmelserscheinungen wie Finsternisse, Kometen und helle Meteore.[8] Aus dem Glauben heraus, dass die Himmelserscheinungen in

---

[3] Bernhard, Wissensspeicher Astronomie, S. 166
[4] Ebd.
[5] Bernhard, Wissensspeicher Astronomie, S. 167
[6] Ebd.
[7] Heliaktisch bezeichnet das Sichtbarwerden eines Fixsterns oder Planeten kurz vor Sonnenaufgang
[8] Bernhard, Wissensspeicher Astronomie, S. 167

direktem Zusammenhang mit irdischen Ereignissen zu sehen seien, entwickelte sich ein breiter Staatsapparat von Beamten, die u.a. mit der Herausgabe eines Kalenders beauftragt waren und Himmelserscheinungen staatspolitisch zu deuten hatten.[9] Aus diesen Aufzeichnungen konnte eine beobachtete Supernova im Sternbild Taurus auf das Jahr 1054 v. Chr. zurückdatiert werden.

3.4. ASTRONOMIE IM „UNENTDECKTEN" AMERIKA

Auch im bis dahin unentdeckten Amerika betrieben die Ureinwohner schon frühzeitig astronomische Studien. So berichten Aufzeichnungen der Mayas aus dem Mittelamerikanischen Raum im Jahr 3379 v. Chr. von einer totalen Mondfinsternis.[10] Es ist davon auszugehen, dass Himmelsereignisse in einem engeren Zusammenhang mit dem Kalenderwesen der Mayas standen, dass sich in 3 Kalender unterteilte und einen Durchlaufzyklus von 52 Jahren aufwies.[11]

4. ASTRONOMIE IN DER ANTIKE

Mit Beginn der Antike entflammte das Bestreben, die Zusammenhänge des Kosmos genauer zu verstehen und erklären zu können. So ist eines der ältesten Weltbilder, welches sich bis in das Mittelalter bewährte auf diese Zeitepoche zurückzuführen. Vor allem die griechischen Astronomen profitierten dabei von dem enormen Wissen der Ägypter[12] und Babylonier[13].

4.1. ASTRONOMIE IN GRIECHENLAND

Während man sich bisher fast nur auf die Beobachtung der Himmelerscheinungen beschränkte, befassten sich die Griechen jetzt auch mit der Erklärung des zu Sehenden[14]. Bewegungen der Himmelkörper und deren allgemeine Prinzipien, Größen- und Entfernungsverhältnisse im Kosmos und die Frage nach dem Weltbild läuteten um 600 v.Chr. den Beginn der modernen Astronomie ein.[15] Während Anaximander (610 – 546 v. Chr.) noch glaubte, dass die Erde ein Zylinder sei, sollte man schon kurz darauf feststellen, dass dem nicht so war.

---

[9] Bernhard, Wissensspeicher Astronomie, S. 167
[10] Bernhard Wissensspeicher Astronomie, S. 168
[11] Beckmann/Epperlein, Grundkurs Astronomie, S. 15
[12] Ridpath, Handbuch der Astronomie, S. 9
[13] Beckmann/Epperlein, Grundkurs Astronomie, S. 15
[14] Bernhard, Wissensspeicher Astronomie, S. 168
[15] Ridpath, Handbuch der Astronomie, S. 9

4.1.1. BENENNUNG DER STERNBILDER

Grundvoraussetzung zur Orientierung am Sternhimmel und somit zur Beobachtung von Himmelserscheinungen war eine einheitliche Sternkarte. Bereits in Babylon kannte man solche Karten, die eine genaue Orientierung mit Hilfe von Sternbildern ermöglichte. Die Griechen übernahmen diese Sternbilder und ergänzten sie durch weitere Konfigurationen[16]. Von den heute 88 festgelegten Sternbildern waren bereits 44 in der Antike nach Fabelwesen und menschlichen Vorstellungen benannt worden.

4.1.2. BEGRÜNDUNG DER ERDKUGELFORM

Nachdem die Griechen Sonnen- und Mondfinsternisse erklären konnten, akzeptierten sie auch die Vorstellung, dass die Erde ein kosmischer Körper sein muss. Aus der Änderung der Gestirnshöhe des Polarsterns, die man bei Seefahrten auf verschiedenen Breiten beobachtete, schloss man schon frühzeitig, dass die Erde die Form einer Kugel haben muss[17]. Im sechsten Jahrhundert v. Chr. lehrten die Pythagoräer bereits die Kugelgestalt des Planeten. Den Beweis führte schließlich Aristoteles[18] in dem er bei Beobachtungen von Mondfinsternissen feststellte, dass der Erdschatten stets von allen Richtung kreisförmig zu sehen war.[19]

4.1.3. BERECHNUNG DES ERDUMFANGS

Nachdem die Erde in ihrer Kugelform unantastbar belegt worden war, ging man der Frage nach, wie groß diese Kugel denn nun sei, welchen Durchmesser und welchen Umfang sie habe. Zumindest die zweite Frage konnte im Zeitraum zwischen 240[20] und 220 v.Chr.[21] beantwortet werden[22]. Eratosthenes bemerkte, dass die Sonne an einem bestimmten Tag in Syene Ägypten[23] im Zenit stand, zur selben Zeit im 800 km weiter nördlich gelegenen Alexandrien aber um sieben Grad tiefer kulminierte. Aus der Überlegung heraus, dass ein Kreis einen Umfang von 360° habe und die Länge

---

[16] Bernhard, Wissensspeicher Astronomie, S. 168
[17] Ridpath, Handbuch der Astronomie, S. 9
[18] Griechischer Philosoph, Mathematiker, Astronom , *384 †322 v.Chr.
[19] Gondolatsch, Astronomie Grundkurs, S. 10
[20] Ridpath, Handbuch der Astronomie, S. 13
[21] Bernhard, Wissensspeicher Astronomie, S. 168
[22] Das genaue Datum der Erkenntnis kann nicht exakt belegt werden. In der Literatur findet man Jahreszahlen zwischen 240 und 220 v.Chr.
[23] Syene lag nahe dem heutigen Assuan

zwischen den beiden Beobachtungsorten etwa 800 km beträgt, errechnete er den Umfang der Erde äußerst exakt auf etwa 40.000 km.[24]

4.1.4. ENTFERNUNGS- UND GRÖSSENBESTIMMUNG VON SONNE UND MOND

Aus der Faszination heraus mehr über die Objekte in unserer Nähe zu erfahren, versuchte Aristarch um 270 v.Chr. die relativen Größe und Entfernungen von Sonne und Mond zu berechnen. Auch wenn seine Berechnungen von den heute bekannten Werten abweichen, so löste er dennoch mit Hilfe von Dreiecksbeziehungen die grundlegende Problematik zur Bestimmung der Entfernung von Himmelskörpern. Ferner erkannte er, dass die Sonne ein größerer und der Mond ein kleinerer Körper gegenüber der Erde ist.[25]

4.1.5. STUDIEN DER PLANETENBEWEGUNG

Nachdem man bereits die Bewegungen der Planeten erkannt hatte, versuchten die Griechen sie nun mit Theorien zu erklären, Schleifenbewegungen, Geschwindigkeits-relative Größen- und Leuchtänderungen.[26] Aus der Vorstellung heraus, dass die Himmelskugeln göttlicher Natur seien, war es unumgänglich, dass sie sich auf perfekten Bahnen bewegen müssten – Kreisbahnen.[27]

4.1.5.1. KREISBAHNDOGMA PLATONS

Der griechische Philosoph Platon entwickelte dazu um 400 v.Chr. ein mathematisches System, mit dem die Bewegung der Planeten auf der Grundlage der Vorstellung, dass es sich bei den Objekten um göttlich beseelte Wesen handle, erklärbar wurde. Er ging davon aus, dass sowohl Geschwindigkeit, als auch Kreisbahn nicht veränderlich seien, somit keinen Anfang und keine Ende besitzen, so wie auch die Götter selber.[28] Alle beobachteten Anomalien seien danach auf mehrere Kreisbewegungen zurückzuführen. Diese dogmatische Ansicht des Umlaufes behielt für weitere 2000 Jahre Gültigkeit und wurde erst durch die Planetengesetze Kepplers abgelöst. Dennoch wurde das System der zusammen-gesetzten Kreisbahnen in der Geschichte mehrfach verfeinert.

---

[24] Ridpath, Handbuch der Astronomie, S. 13
[25] Ebd.
[26] Bernhard, Wissensspeicher Astronomie, S. 169
[27] Ridpath, Handbuch der Astronomie, S. 15
[28] Bernhard, Wissensspeicher Astronomie, S. 169

4.1.5.2. DIE EPIZYKELTHEORIE

Basierend auf den Kreisbahnvorstellungen Platons, erdachte Appolonius von Perge im dritten Jahrhundert v. Chr. sein Epizykelmodell[29], wonach sich die Planeten auf kleinen Kreisbahnen, so genannten Epizykeln bewegen, deren Mittelpunkt konstant auf einem großen Kreis, dem Deferenten, um die Erde rotiert. Damit konnten die Schleifenbewegungen der Planetenbewegungen zunächst erklärt werden und die Erde behielt ihre Sonderstellung als Zentrum des Raums.[30] Aus den vorwiegend qualitativen Beschreibungen des Epizykelmodells entwickelte Hipparch von Nizäa um 150 v. Chr. zunächst das Himmelskoordinatensystem und begann schließlich anhand seiner Beobachtungen und Aufzeichnungen die Epizykeltheorie weiter zu verfeinern.[31] Erstaunlich dabei war, wie genau die Bewegungen aus einer solch Erdzentrierten Vorstellung heraus erklärt werden konnten. Auch das Problem der unterschiedlichen scheinbaren Helligkeiten schien damit zunächst gelöst.

4.2. WELTBILDER DER ANTIKE

Aufgrund der Forschungsfortschritte auf dem Gebiet der Bewegungen der Himmelskörper, war es kaum verwunderlich, dass sich jetzt erste Theorien zum Aufbau der Welt herauskristallisierten. Vor allem die Griechen leisteten Erstaunliches, als sie ihre erste eigene, wissenschaftlich gestützte Vorstellung der Welt aufstellten.

4.2.1. DIE ENTWICKLUNG EINES FRÜHGRIECHISCHEN WELTBILDES

Wie auch die meisten anderen Kulturvölker, hielten zunächst auch die Griechen an der mythologischen Auffassung fest, dass die Erde eine Scheibe sei, die von einem riesigen Ozean ungeheuren Ausmaßes umgeben ist.[32] Dieser für den Menschen unüberwindbare Ozean sei die Abgrenzung zu den Göttern, gleichwohl wie auch zu den Himmelsobjekten. Aus diesem Meer erhoben sich dann jeden Abend die Sterne, um am nächsten morgen wieder zu versinken, während der Wagen des Sonnengottes aufstieg, um seinen Weg über den Horizont zu beschreiten.

---

[29] Bührke, Sternstunden der Astronomie, S. 15
[30] Bernhard, Wissensspeicher Astronomie, S. 169
[31] Bührke, Sternstunden der Astronomie, S. 15
[32] Bernhard, Wissensspeicher Astronomie, S. 169

4.2.2. DIE HIMMELSGEOMETRIE DES EUDOXOS

Einer der ersten, der ein Weltsystem anhand astronomischer Daten aufzustellen versuchte, war Eudoxos 380 v. Chr. Unter der Annahme Platons, dass die Planeten auf Kreisbahnen laufen müssen, entwarf er über mathematische Beschreibungen seine Theorie der homozentrischen Sphären. Dabei konvertierte er die ungleichmäßigen Bewegungen der Planeten in gleichförmige der Sphären.[33]

4.2.3. DAS WELTSYSTEM DES ARISTOTELES

Angetrieben durch die Vorstellungen Eudoxos' entwarf Aristoteles um 350 v. Chr. das erste reale Modell vom Kosmos. Für ihn waren die Sphären nicht nur Massepunkte, wie bisher postuliert, sondern physikalische Körper aus dem unwandelbaren Stoff Äther. Im Zentrum des Umlaufkreises der Körper befindet sich die Erde und die Ursache für die Bewegungen der Planeten sei göttlicher Natur. Am Rande, auf der letzten Sphärenschale befindet sich schließlich die Fixsternsphäre, die gleichzeitig auch das Weltall begrenzt.[34]

4.2.4. DIE ENTSTEHUNG DES GEOZENTRISCHEN WELTBILDES

Der letzte große griechische Astronom war Ptolemäus (100 – 178 n. Chr.). Um 150 fasste er in seinem Werk „Almagest" (arabisch, das Größte) nahezu das gesamte astronomische Wissen der Antike zusammen und schuf gleichzeitig das erste und auch für 1400 Jahre gültige Weltbild vom Kosmos. Auf seinen Beobachtungen beruhend legte er fest, dass sich die Erde im Weltzentrum befinden müsse. Sonne, Mond und die Planeten bewegen sich dabei auf Kreisbahnen um die Erde und das Weltall wird durch die sichtbare Fixsternesphäre begrenzt.[35] Damit fußte sein Weltbild auf den Vorstellungen Platons, dem Kosmosmodell des Aristoteles und machte sich die Epizykeltheorie des Hipparch zu nutzen, um die Bewegungen der Planeten zu erklären.[36] Mit dem geozentrischen Weltbild waren nun auch erstmals – ausgehend vom damaligen Stand der Technik – Vorraussagen über Bewegungen

---

[33] Bernhard, Wissensspeicher Astronomie, S. 170
[34] Ebd.
[35] Ridpath, Handbuch der Astronomie, S. 15
[36] Bernhard, Wissensspeicher Astronomie, S. 171

und Positionen der Planeten möglich. Gleichzeitig stand das geozentrische Weltbild im Einklang mit der damaligen biblischen Sicht der Welt.[37]

4.2.5. ERSTE SPEKULATIVE HELIOZENTRISCHE WELTVORSTELLUNG

In der Antike herrschte jedoch nicht nur die Auffassung, dass die Erde das Zentrum der Welt sei. Bereits 420 v. Chr. nahm Philolaus von Kroton an, dass sich alle Planeten, also auch die Erde, um das sich im Zentrum der Welt befindliche Zentralfeuer rotieren. Heraklid ging um 350 v. Chr. sogar noch einen Schritt weiter und formulierte die These, dass sich Planeten und Sonne um ein viel größerer Zentrum bewegen. Schließlich schloss Aristarch von Samos um 270 v. Chr. aus seinen Größenbestimmungen der Sonne, dass diese im Zentrum stehen muss und sich die Planeten um sie bewegen.[38] Der Heliozentrische Gedanke war geboren, entwickelte sich jedoch aufgrund philosophischer Bedenken und Vormachtsstellungen nicht weiter.

5. EINE NEUE ÄRA - DIE NEUZEITLICHE ASTRONOMIE

Mit dem Beginn des Mittelalters sollte sich für die Astronomie zunächst nicht viel ändern. Mit Umstrukturierungen in Glaube und Religion, sowie in einigen gesellschaftlichen Kontexten und dem damit verbundenen Zugewinn an Selbstverständnis und –bewusstsein sollte die Astronomie im späten Mittelalter jedoch eine regelrechte Reform erfahren.

5.1. ASTRONOMIE IM FRÜHEN MITTELALTER

Ab dem achten Jahrhundert zeigten vor allem die Araber großes astronomisches Interesse, bewahrten und entwickelten das Erbe der inzwischen zerfallenen antiken Staaten. Sie waren es auch, die schließlich die Lehre des Ptolemäus vom geozentrischen Weltbild nach Europa brachten. Die größte Aufgabe der Astronomie im frühen Mittelalter bestand jedoch darin, den Verlauf des Kalenders zu kontrollieren und die Daten für bewegliche Kirchenfeiertage festzulegen. Mit Beginn des Handels über Seewege nahm auch der Anspruch an die Exaktheit der Messinstrumente zu, damit man sich auf See orientieren konnte. Hierbei bemerkte man erstmals, dass mit

---

[37] Bernhard, Wissensspeicher Astronomie, S. 171
[38] Ebd.

dem geozentrischen System vorausgesagte Planetenpositionen von ihrer tatsächlichen abwichen. Versuche zur Verbesserung des ptolemäischen[39] Weltbildes scheiterten jedoch im 15. Jahrhundert. [40]

5.2. ASTRONOMIE IM SPÄTEN MITTELALTER

Nach dem Scheitern der Verbesserungsversuche des geozentrischen Weltbildes war es nun die Aufgabe der Astronomen herauszufinden, worauf diese Differenzen zwischen Beobachtung und Vorhersage zurückzuführen seien. So begann man in der späten Hälfte des Mittelalters sich teilweise von bisherigen Ansichten zu lösen und sich auf neue Beobachtungen zu konzentrieren.

5.2.1. KOPERNIKUS UND DIE HELIOZENTRISCHE VORSTELLUNG

Es ist gerade zu Ironie, als dass ein Mönch den Sturz der antiken Astronomie, die so wunderbar mit biblischen Vorstellungen harmonierte, auslösen würde. Der aus Polen stammende Nikolaus Kopernikus vergegenwärtigte als einer der Ersten, dass die 1700 Jahre zuvor formulierte Vorstellung Aristarchs von der Sonne im Zentrum nicht nur naheliegend sei, sondern auch die Wahrscheinlichste Erklärung sein müsse. [41]

In seinem Hauptwerk ‚De revolutionibus orbium coelstium' formulierte er 1543 die Kerngedanken seiner Heliozentrischen Welt, wonach alle Planeten sich um die Sonne bewegen und der Mittepunkt der Erde lediglich Mittelpunkt der Mondbahn sei[42]. Außerdem postulierte er die dreifache Bewegung der Erde, die Rotation, den Umlauf und die Präzession.[43] Mit der Heliozentrischen Vorstellung allein konnten zunächst die Schleifenbewegungen der Planeten und Größen-, sowie Leucht-änderungen erklärt werden, da Kopernikus sich aber nicht vom Kreisbahndogma Platons lösen konnte, machte er sich zur exakten Vorhersage weiterhin die Epizykeltheorie zu eigen.[44] Das entstandene System war zwar auf dem richtigen Weg, aber nicht einfacher als das bisher angewandte ptolemäische.

5.2.2. DIE ERDE IM MITTELPUNKT DES KOSMOS NACH TYCHO BRAHE

---

[39] Das Geozentrische Weltbild wird nach seinem Postulaten Ptolemäus auch als ptolemäisches bezeichnet
[40] Bernhard, Wissensspeicher Astronomie, S. 171
[41] Ridpath, Handbuch der Astronomie, S. 17
[42] Bührke, Sternstunden der Astronomie, S. 30
[43] Bernhard, Wissensspeicher Astronomie, S. 172
[44] Beckmann, Astronomie Grundkurs, S. 17

Der dänische Astronom Tycho Brahe (1546 – 1601) gilt noch heute als größter Beobachter der vorteleskopischen Zeit. Er entwickelte die bis dato exaktesten Instrumente zur Vermessung des Himmels und schaffte in den folgenden Jahren seiner Tätigkeit dem Faktum Abhilfe, dass es kaum Aufzeichnungen über das Himmelsgeschehen gab, die der Aufklärung der Planetenbewegungen hätten nützlich sein können. Mit seinen Instrumenten war er sogar in der Lage, die Länge eines Jahres auf eine Sekunde genau zu bestimmen.[45] Aufgrund seiner Beobachtungen und Überlegungen lehnte er jedoch das Heliozentrische Weltbild strikt ab. Aufgrund der Bewegung der Erde um die Sonne, hätte eine Parallaxe der Fixsterne feststellbar sein müssen, wie sie selbst mit Brahes Instrumenten nicht zu registrieren war. Stattdessen schlug er 1588 ein eigenes Weltbild vor, wonach sich Sonne und Mond um die Erde drehen, die Planeten sich jedoch auf einer Bahn um die Sonne befinden.[46]

5.2.3. JOHANNES KEPPLER UND DIE PLANETENGESETZE ALS REAKTION AUF TYCHO BRAHE

Noch zu Lebzeiten Brahes begann Johannes Keppler seine astronomische Laufbahn als Assistent des Dänen. Nach dessen Tod erbte er die gesamten Aufzeichnungen, in der Hoffnung er würde die Doppeltheorie Brahes verbessern.[47] Statt sich jedoch der Theorie seines Lehrers zu beugen, wertete Keppler die gesammelten Daten akribisch aus und erkannte dabei eine Reihe grundlegender Gesetzmäßigkeiten, die später als die drei Keppler'schen Gesetze bekannt werden würden.[48]
Als Grundlage verwertete er dazu das Heliozentrische Weltbild Kopernikus'. Nicht mehr an das Kreisbahndogma Platons verhaftet stellte er 1609 fest, dass sich die Planeten auf Ellipsen bewegen und verwarf damit die bisher unangefochtenen griechischen Weltvorstellungen.[49] Darüber hinaus verwarf er die Theorie, wonach sich die Planeten mit gleichen Geschwindigkeiten bewegen und stellte fest, dass ein Planet dann am schnellsten ist, wenn er eine kurze Distanz zur Sonne aufweist.[50] 1619 erkannte er schließlich, dass ein Planet dann die größte Umlaufdauer hat,

[45] Ridpath, Handbuch der Astronomie, S. 19
[46] Bernhard, Wissensspeicher Astronomie, S. 172
[47] Ridpath, Handbuch der Astronomie, S. 20
[48] Bernhard Wissensspeicher Astronomie, S. 173
[49] Ridpath, Handbuch der Astronomie, S. 21
[50] Ridpath, Handbuch der Astronomie, S. 21

wenn er am weitesten von Sonne entfernt ist. Parallel sollten die theoretischen Erkenntnisse Kepplers durch die Beobachtungen eines Italieners außer Frage gestellt werden.[51]

5.2.4. GALILEI UND DAS RENDEZVOUS MIT DEN STERNEN

Die Geschichte der Wissenschaft zeigt, dass es zumeist Zufälle waren, die neue Erkenntnisse schufen und damit den Fortschritt. Ein solcher Zufall ereignete sich 1609. Genau in dem Jahr, als Keppler die Ellipsenbahnen der Planeten erkannte, griff auch der Italiener Galileio Galilei (1546 – 1642) mit einem Nachbau des ersten holländischen Fernrohres (1608) nach den Sternen.[52] Mit seinem Fernrohr beobachtete er u. a. Sonnenflecken, Gebirge auf dem Mond, die vier großen Jupitermonde[53] und erkannte sowohl die Merkur-, als auch die Venusphasen, die er als Mondähnlich beschrieb.[54] In seinen Veröffentlichungen trat er damit für das kopernikanische[55] Weltbild ein und stellte sich gegen biblische Auffassung, somit auch gegen die Kirche, wofür er 1633 von der Inquisition verurteilt wurde. Aufgehoben wurde das Urteil erst 359 Jahre später.[56]

6.   DIE ENTWICKLUNG DER MODERNEN ASTRONOMIE

Ab dem 17. Jahrhundert beschäftigten sich die Astronomen hauptsächlich mit der Bewegung der Himmelskörper und formulierten Gesetze, nach denen die Abläufe im All beschreibbar waren. Darüber hinaus strebte man nach einer möglichst genauen Ausmessung des Universums und befasste sich mit dem Aufbau unseres Sternensystem[57], sowie der in ihm befindlichen Materie. So kam es schließlich zur Entwicklung der Astrometrie und der Stellarstatistik.

6.1.   HIMMELMECHANIK UND DIE ENTDECKUNG DER GRAVITATION

Angetrieben von Kepplers Gedanken, dass sich die Planeten um die Sonne bewegen, entwickelte der englische Physiker Sir Isaac Newton in seinem Werk von

---

[51] Ebd.
[52] Beckmann, Astronomie Grundkurs, S. 18
[53] Bernhard, Wissensspeicher Astronomie, S. 173
[54] Ridpath, Handbuch der Astronomie, S. 23
[55] Das Heliozentrische Weltbild wird auch nach seinem Entdecker Kopernikus als das kopernikanische bezeichnet
[56] Bernhard, Wissensspeicher Astronomie, S. 173
[57] Bernhard, Wissensspeicher Astronomie, S. 173

1687 durch Anwendung der Begriffe wie Kraft, Masse usw. die Himmelsmechanik als Lehre von der Bewegung der Himmelskörper[58]. Er geht zunächst davon aus, dass jeder Körper, der eine Masse hat, eine Anziehungskraft auf einen anderen Körper ausübt. Wenn nun also die Sonne der massenreichste Körper im System ist, so ist es auch zwingend notwendig, dass sich alle kleineren Objekte, wie eben die Planeten, sich um die Sonne in ihrem Brennpunkt bewegen. Der Betrag dieser Kraft müsse außerdem vom Abstand der beiden Objekte abhängig sein, da Keppler bereits 1619 feststellte, dass die Umlaufzeit umso größer ist, je weiter sich das Objekt von der Sonne weg befindet.[59]

6.2. BERECHNUNG VON KOMETENBAHNEN

Newtons Gravitationsgesetz gab den Astronomen erstmals ein verlässliches Mittel zur Berechnung von Umlaufbahnen. So berechnete Edwin Halley 1706 die parabelnahe, elliptische Bahn des nach ihm benannten Kometen Halley, der nach einer Umlaufzeit von 75 Jahren stets wieder beobachtbar ist.[60]

6.3. ENTDECKUNG DER KLEINPLANETEN

Den ersten Kleinplaneten ‚Ceres' entdeckte 1801 der Astronom Piazzi zwischen Mars und Jupiter. Schon bald darauf wurden weitere solcher Kleinplaneten entdeckt. Fast zeitgleich entwickelte Carl-Friedrich Gauß eine Theorie, wonach die Bahnen der Kleinplaneten aus drei Positionsbestimmungen heraus berechnet werden können und veröffentlichte diese Erkenntnis 1809. Damit waren erstmalig Bahn und Ephemeriden[61] eines Kleinplaneten bestimmbar.[62]

6.4. URANUS, NEPTUN UND PLUTO

Als F.W. Herschel am 13. März 1781 mit seinem Reflektor Teleskop das Sternbild Zwilling beobachtet, bemerkt er kurz vor Mitternacht ein auffälliges Objekt nahe dem Stern H Geminorum. Als er die Vergrößerung seines Teleskops ändert, verändert

---

[58] Gondolatsch, Astronomie, S. 13
[59] Ridpath, Handbuch der Astronomie, S. 24
[60] Bernhard, Wissensspeicher Astronomie, S. 174
[61] Tabelle, die die Position eines sich bewegenden astronomischen Objekts auflistet
[62] Bernhard, Wissensspeicher Astronomie, S. 174

sich auch die Bildgröße des Objektes, was bei normalen Sternen nicht so ist. Daraus schließt er zunächst, dass es sich um einen Kometen handeln muss, worauf er am 26. April desselben Jahres einen Bericht über die Sichtung eines Kometen einreicht. Erst im Juni 1781 gelingt es Anders Lexell in St. Petersbourg die Bahn des ‚Kometen' zu errechnen. Das Erstaunen war groß, als man bemerkte, dass das Objekt um die Sonne kreist, wie auch die bisher bekannten Planeten.[63] Jenseits vom Saturn war ein sechster Planet entdeckt, der schließlich den Namen Uranus[64] tragen wird.

Mit Hilfe des Gravitationsgesetzes berechnete U.J. Leverrier aus Störungen der Uranusbahn später den Standort eines noch unbekannten Objektes, welches 1846 Nahe des vorausberechneten Ortes von J.G. Galle entdeckt wurde und den Namen Neptun erhielt. Pluto dagegen wurde 1930 nur zufällig durch Himmelüberwachungen T.C. Tombaughs entdeckt.[65] Inzwischen ist ihm der Status des Planeten jedoch aberkannt.

6.5. WEITERNTWICKLUNG DER ASTROMETRIE

Mit Beginn des 19. Jahrhunderts entwickelte sich der Wunsch nach der Erforschung der Fixsterne. Die bis dato genutzten Messinstrumente wiesen jedoch nicht die benötigte Genauigkeit auf, weswegen man nach einer Verbesserung der Vermessungstechnik strebte, mit der Gestirnsorte besser bestimmbar wurden.

6.6. ENTFERNUNGSMESSUNGEN AN FIXSTERNEN

Tycho Brahe lehnte das Heliozentrische Weltbild ab, da Parallaxen hätten messbar sein müssen. Mit Verbesserung der Messinstrumente konnte diese aber schließlich dennoch nachgewiesen werden und Halley entdeckte dabei 1718 die Eigenbewegung der Fixsterne und Bradley zehn Jahre darauf die Aberration[66] des Sternlichts. Friedrich Wilhelm Bessel bestimmte in der Folge die erste Fixsternparallaxe und gab die Entfernung des Sterns 61 Cygni an.[67]

---

[63] Bührke, Sternstunden der Astronomie, S. 84
[64] Uranus war in der griechischen Mythologie der Vater des Saturn. Nach diesem Prinzip sind auch alle anderen Planeten benannt
[65] Bernhard, Wissensspeicher Astronomie, S. 174
[66] Aberration ist eine scheinbare Ortsveränderung von Gestirnen durch die Endlichkeit der Lichtgeschwindigkeit
[67] Bernhard, Wissensspeicher Astronomie, S. 175

6.7. FORSCHUNGEN ZUM AUFBAU DER MILCHSTRAßE

Spekulationen über den Aufbau des Universums gibt es womöglich schon so lang wie die Astronomie selbst. G. Bruno vermutete bereits um 1600, dass das Universum unendlich sei, ausgefüllt von Sonnen, die ihrerseits wieder von Planeten umkreist werden.[68] William Herschel studierte dazu 1784 die Verteilung der Sterne, in dem er alle sichtbaren Objekte in seinem Teleskop zählte. Damit gilt er als Begründer der Stellarstatistik[69]. Aus seinen Zählungen leitete er die Vorstellung ab, dass das Sternsystem einer Linse gleiche. Seine Theorie, dass in deren Zentrum unsere Sonne steht, bestätigte sich jedoch nicht[70], ebenso wie die Theorie, dass nur diese eine Galaxie im Raum existiere.[71]

7. ERFORSCHUNG DES KOSMOS IN DER MODERNE

Mit der Umstrukturierung der Gesellschaft in der ersten Hälfte des 19. Jahrhunderts und dem Beginn der Industrialisierung bekam auch die Astronomie einen neuen Innovationsschub. Dabei bildete sich als eigenständiges Forschungsgebiet die Astrophysik heraus, deren Aufgabe es ist, sich mit dem physikalischen Aufbau und der chemischen Zusammensetzung kosmischer Objekte, gleichwohl wie mit deren Entstehung zu beschäftigen.[72] Die Astrophysik stützt ihre Erkenntnisse auf Spektroskopie, Photometrie und Fotografie, die einander gleichwohl bedingen.

7.1. ENTWICKLUNG MODERNER BEOBACHTUNGSTECHNIK

Die fortschreitende astronomische Forschung des 20. Jahrhunderts setzte vor allem hoch auflösende Messgeräte voraus. Mit deren Hilfe begann man schließlich die Entwicklungsprozesse im Kosmos zu ergründen und die großräumigen Strukturen zu

---

[68] Bernhard, Wissensspeicher Astronomie, S. 175
[69] Die **Stellarstatistik** ist ein Teilgebiet der Astronomie und beschäftigt sich mit dem Aufbau der Sternsysteme, deren innere Bewegungsverhältnissen und ihrer Verteilung im Raum.
[70] Bernhard, Wissensspeicher der Astronomie, S. 175
[71] Ridpath, Handbuch der Astronomie, S. 29
[72] Bernhard, Wissensspeicher Astronomie, S. 176

verstehen. Die Entwicklung moderner Computersysteme ermöglichte darüber hinaus die Simulation der Entstehung des Universums.

7.1.1. ERRICHTUNG GROßER SPIEGELTELESKOPE

Auf die Frage nach dem Aufbau der Milchstraße und den Universums schien nur eine Antwort möglich, wenn man tiefer in den Raum blicken könnte, wozu Hochleistungsteleskope nötig wurden. Bereits Newton baute 1668 eines der ersten Spiegelteleskope, deren Leistungsfähigkeit sich ständig steigerte.[73] Um weiter in die tiefen der Unendlichkeit blicken zu können errichtete man 1917 auf dem Mount Wilson das Hale Teleskop[74]. Mit seinem Spiegeldurchmesser von 2,54 m gelang es erstmalig festzustellen, dass es sich bei einigen so genannten Nebeln um extragalaktische Systeme handelt, was bewies, dass die Milchstraße nur eine von vielen kleinen Inseln im All ist.[75] Das Mt. Palomar Observatorium mit einem 5,08 m Spiegel und das 1976 in Betrieb genommene Observatorium von Zelenchuk[76] waren weitere Meilensteine der Entwicklungen großer Spiegelteleskope.[77]

7.1.2. ENTSTEHUNG NEUER OPTISCHER BEOBACHTUNGSTECHNIKEN

Um das All weiter erforschen zu können, bedurfte es noch größerer und leistungsfähigerer Teleskope. Auf dem Mount Hopkins (USA) wurde dazu 1979 ein Mehrfachspiegelteleskop in Betrieb genommen[78], das den Strahlengang von 6 Spiegeln bündelt. Moderne Teleskope werden meist in klimatisch stabilen und günstigen Bedingungen aufgestellt[79], Gebirge und Hochplateaus, um atmosphärische Störungen so gering wie möglich zu halten.

7.1.3. REALISIERUNG MODERNER GROßTELESKOPE

Mit Fortschreitender Entwicklung der Halbleitertechnologie, begann man nunmehr große Teleskope mit digitalen Systemen auszustatten. Gesteuert durch Satelliten

---

[73] Bernhard, Wissensspeicher Astronomie, S. 176
[74] Beckmann, Astronomie Grundkurs, S. 20
[75] Beckmann, Astronomie Grundkurs, S. 20
[76] Ehemalige Sowjetunion
[77] Bernhard, Wissensspeicher Astronomie, S. 177
[78] Ridpath, Handbuch der Astronomie, S. 41
[79] Bernhard, Wissensspeicher Astronomie, S. 178

werden die beobachteten Objekte der Teleskope über CCDs[80] digitalisiert und am Computer ausgewertet. Die Kopplung optischer und digitaler Systeme brachte den Teleskopen und somit den Astronomen erneut einen Leistungsgewinn.[81]

7.1.4. RADIOASTRONOMIE

Die Atmosphäre der Erde ermöglicht vor allem zwei elektromagnetischen Spektren guten Durchlass, sowohl dem sichtbaren Licht, als auch Radiowellen.[82] Neben optischen Bildern gelang es erstmals 1932 solch langwellige Strahlung aus dem All zu empfangen. Die Entwicklung der Radioastronomie schritt nach dem zweiten Weltkrieg schnell voran und ermöglichte jetzt den Empfang von Spektren außerhalb des sichtbaren Lichtes. Realisiert durch große Parabolantennen konnten schließlich größere Reichweiten erzielt werden und man entdeckte u. a. Quasare (1963), die Hintergrundstrahlung (1962) sowie Pulsare (1967).[83]

7.1.5. DAS HUBBLE SPACE TELESKOP – EIN FENSTER IM ALL

Der Einfluss der Raumfahrt in der zweiten Hälfte des 20. Jahrhunderts veränderte nicht nur unser Bild vom Kosmos, sondern erschuf gleichzeitig eine neue Vielzahl von Möglichkeiten. So kämpfte man auf der Erde stets mit den Störungen der Atmosphäre beim Beobachten kosmischer Objekte. Da lag es nahe ein Teleskop zu entwickeln, dass genau diesen Störungen nicht mehr ausgesetzt sei, ein Fernrohr im All. Benannt nach dem großen Astronomen Edwin Hubble begann man 1972 bei der NASA[84] mit der Planung des HUBBLE SPACE TELESCOPES. Durch die Explosion des Space Shuttles ‚Challenger' verzögerte sich die Inbetriebnahme. 1990 wurde das HST schließlich in den Orbit geschleppt und begann nach weiteren Modifikationen mit der Übertragung atemberaubender Bilder.[85]

7.2. ENTDECKUNGEN DER STRUKTUREN DER GALAXIEN

---

[80] CCD = Charge Coupled Device, ein lichtempfindlicher Halbleiterdetektor, der in der digitalen Fotografie verwendet wird
[81] Bernhard, Wissensspeicher Astronomie, S. 178
[82] Beckmann, Astronomie Grundkurs, S. 38
[83] Bernhard, Wissensspeicher Astronomie, S. 178
[84] NASA = National Aeronautics and Space Administration
[85] Clark, Abenteuer Universum, S. 12

Die Vorstellungen unserer Milchstraße wurden in der ersten Hälfte des 20. Jahrhunderts durch neue Erkenntnisse ergänzt. So ermittelte H. Shapley 1918 zunächst die Entfernungen von Kugelsternhaufen und legte somit eine Größenvorstellung unserer Galaxis dar. Mit Sternzählungen wies M. Wolf 1920 die Existenz dunkler Materie nach. 1927 folgte die Erkenntnis der differentiellen Rotation und schließlich erkannte man 1951 auch die Spiralstruktur der Galaxis.[86]

7.3. DIE SUCHE NACH ANDEREN STERNSYSTEMEN

Angetrieben von der Vorstellung, dass es außer auf unserem Planeten noch weitere, extraterrestrische Formen von Leben geben könnte, begann man nach der Suche weiterer Sterne und Planeten. Edward Hubble gelang es 1923 am Mt. Wilson Observatorium Randpartien des Andromedanebels in Einzelsterne aufzulösen, veränderliche Sterne aufzuspüren und mit deren Hilfe die Entfernung des Systems zu bestimmen. 1925 Klassifizierte er die Galaxien in einem Katalog, der noch bis heute seine Gültigkeit hat. Hubble gilt aufgrund seiner Verdienste als Begründer der extragalaktischen Astronomie.[87]

8. ZUKUNFTSAUSSICHTEN FÜR DIE ASTRONOMIE

Solang wie Astronomie betrieben werden wird, kann man davon ausgehen, dass neue Entwicklungen und Erkenntnisse die Forschung und im Endeffekt auch unser Leben prägen werden. Dabei spielen nicht nur die Raumfahrt, die Vorstellung der Besiedlung anderer Planeten, der Wunsch mit außerirdischen Lebensformen zu kommunizieren oder die Suche nach Objekten, die beim Zusammentreffen mit der Erde Katastrophen auslösen könnten, eine Rolle, sondern die Astronomie trägt grundlegend zum Selbstverständnis des Menschen innerhalb eines unendlich scheinenden Kosmos bei. Im Zeitalter von Sparmaßnahmen und Umweltproblemen stellt sich so oft die Frage, ob man sich Astronomie überhaupt leisten kann. Und dennoch ist sie nicht nur die älteste Wissenschaft, sondern auch diejenige, die dem Menschen hilft, seine eigene Existenz zu verstehen.

Weltraumorganisationen sprechen sich daher für bemannte Marsflüge aus, plädieren für den Erhalt des Hubble Teleskops und die NASA entwickelt derzeit ein Programm,

---

[86] Bernhard, Wissensspeicher Astronomie, S. 180
[87] Bernhard, Wissensspeicher Astronomie, S. 180

was den Space Shuttle spätestens 2010 ablösen soll, nachdem die Internationale Space Station ISS fertig gestellt wurde. Mit diesem Sitz im Orbit beginnt für die Astronomie und deren Kinder eine Reise in eine Zukunft, die genau so ungewiss ist, wie die Tiefen ihres Forschungsgebietes, dem All selber.

9. QUELLENNACHWEIS

Beckmann, Dieter: Astronomie Grundkurs. Manz Verlag München, München/Dillingen (1992)
weitere Autoren: Epperlein, Bernd

Bührke, Thomas: Sternstunden der Astronomie. Verlag Beck. München (2001)

Clark, Stuart: Abenteuer Universum. Orbis Verlag. Oxford (1997)

Dr. Bernhard, Helmut: Wissensspeicher Astronomie. Volk und Wissen Verlag. Berlin (1995)
weitere Autoren: Dr. Lindner, Klaus.   Prof. Dr. Schukowski, Manfred

Gondolatsch, Friedrich: Astronomie. Ernst Klett Verlag. Stuttgart (1994)
weitere Autoren: Steinacker, Siegfried   Zimmermann, Otto

Ridpath, Ian: Handbuch der Astronomie. Verlag Sauerländer. Aarau, Frankfurt am Main,
Salzburg (1985)